BEI GRIN MACHT SICH IHR WISSEN BEZAHLT

- Wir veröffentlichen Ihre Hausarbeit,
  Bachelor- und Masterarbeit

- Ihr eigenes eBook und Buch -
  weltweit in allen wichtigen Shops

- Verdienen Sie an jedem Verkauf

Jetzt bei www.GRIN.com hochladen
und kostenlos publizieren

Verena Maras

Der Regenwurm und seine Sinne - Lokalisierung der Lichtwahrnehmung beim Regenwurm

GRIN Verlag

Bibliografische Information der Deutschen Nationalbibliothek:

Die Deutsche Bibliothek verzeichnet diese Publikation in der Deutschen National-
bibliografie; detaillierte bibliografische Daten sind im Internet über http://dnb.d-
nb.de/ abrufbar.

Impressum:

Copyright © 2004 GRIN Verlag GmbH
Druck und Bindung: Books on Demand GmbH, Norderstedt Germany
ISBN: 978-3-640-14725-0

Dieses Buch bei GRIN:

http://www.grin.com/de/e-book/26013/der-regenwurm-und-seine-sinne-lokalisie-
rung-der-lichtwahrnehmung-beim

Verena Maraš
Studienreferendarin
in der Intensivphase II
für die Fächer Biologie und Sport

Unterrichtsentwurf
zur 2. Lehrprobe im Fach Biologie

Thema der Unterrichtsreihe:

Ökosystem Wald
Der Regenwurm – als Beispiel eines bodenbewohnenden Destruenten

Thema der Unterrichtsstunde:

Der Regenwurm und seine Sinne
Lokalisierung der Lichtwahrnehmung beim Regenwurm

Klasse: 7
Datum: 13.01.2004
Zeit: Di., 1. Std. (7:50 – 8:35 Uhr)
Raum:

Fachleiter Biologie:
Schulseminarleiterin:
GL Seminarleiter:
Schulleiter:
7. Prüfungsmitglied:

Inhaltsverzeichnis:

1.   Beschreibung der pädagogischen Situation

Seit November 2002 unterrichte ich eigenverantwortlich die Klasse 7c. Das Fach Biologie wird, wie bereits in den Klassen 5 und 6, ganzjährig und zweistündig unterrichtet. Die beiden Stunden werden leider als Einzelstunden gegeben, aber da sie montags in der 5. und dienstags in der 1. Stunde stattfinden, besteht trotzdem die Möglichkeit an zwei aufeinander folgenden Tagen thematisch und methodisch eng verknüpft zu arbeiten. Zwischen den beiden Stunden hat keine andere Klasse in dem Biologiefachraum Unterricht, sodass Tafelbilder, Gruppentische und Unterrichtsvorbereitungen aus der vorherigen Stunde bestehen bleiben können. Dadurch wird die Durchführung von forschend-entdeckendem, handlungs- und problemorientiertem Unterricht, der mir in dieser Klasse sehr wichtig ist, etwas erleichtert. Ich versuche die SuS[1], so oft es geht, Experimente entwickeln und diese auch im Unterricht umsetzen zu lassen.[2]

Am Schuljahresbeginn wurde die ursprüngliche Lerngruppe, die seit dem Eintritt in die Herderschule zusammen ist, um 9 Mädchen aus einer anderen Schule erweitert, sodass sich die Klasse nun aus 17 Mädchen und 11 Jungen zusammensetzt. Die neuen Schülerinnen mussten sich erst einmal neu orientieren, sich an mich und die z.T. sehr forsche und lebhafte Klasse gewöhnen. J., S. und J. zeigten sich von Anfang an sehr mutig, aufgeschlossen und arbeiteten mündlich gut mit, während M., L., C. und A. sich sehr schüchtern und zurückhaltend verhielten. Mittlerweile sind die neuen Schülerinnen gut in die Lerngruppe integriert, haben neue Freundschaften geschlossen und sind mit problem- und handlungsorientierten Lernarrangements wie dem Experimentieren, der Erarbeitung von theoretischen Zusammenhängen in Gruppenarbeiten oder in Form eines Gruppenpuzzles, dem Lernen an Stationen usw. vertraut. Dennoch erfordern die etwas ruhigeren neuen Schülerinnen weiterhin meine gezielte Aufmerksamkeit.
Auch C. unterliegt meiner besonderen Beobachtung. Er ist ein sehr sensibler und intelligenter Junge, der von der Klassengemeinschaft nur eingeschränkt akzeptiert wird. Da er sprachmotorische Störungen[3] aufweist, sehr zurückhaltend und häufig dem Wissen der restlichen Klasse voraus ist, wird er manchmal von seinen Mitschülern geärgert und in Gruppenarbeiten ausgegrenzt. Dies hat sich jedoch, auch seit er nicht mehr so „verträumt" ist, gebessert.

Insgesamt ist die Lerngruppe aufgeweckt, wissbegierig und an biologischen Themen interessiert. Die SuS nehmen in der Regel mit großem Engagement am Unterricht teil, beobachten ihre Umwelt aufmerksam und bringen des Öfteren Objekte ihres Interesses in

---

[1] Die Bezeichnung „SuS" soll im Folgenden für „Schülerinnen und Schüler" stehen. Sollte eine Unterscheidung notwendig sein, wird der geschlechtsspezifische Begriff verwendet.
[2] In der Vergangenheit war es häufig so, dass die SuS die Versuche am Montag planten und vorbereiteten, um sie am Dienstagmorgen durchzuführen.
[3] Er redet sehr langsam und ihm fallen Wörter oft nicht ein. Dies hat sich aber im Laufe des letzten Jahres gebessert.

die Schule[4] mit, sodass sie von allen betrachtet, genauer untersucht oder fachliche Informationen dazu eingeholt werden können. Neben diesem großen Engagement ist die Klasse außerdem relativ leistungsstark. Mit wenigen Ausnahmen (J., M., A.) beteiligen sich alle SuS regelmäßig am Unterrichtsgeschehen. Besonders zu erwähnen sind P., D., S., Jo. und L., die mit qualitativ sehr guten Beiträgen den Unterricht häufig voranbringen. Auch Nils muss in diesem Zusammenhang genannt werden, nur schweift er gelegentlich vom eigentlichen Thema ab, sodass ich ihn „bremsen" muss oder ihn bitte bestimmte Fragen oder Äußerungen zu notieren und zu einem späteren Zeitpunkt noch einmal zu formulieren. Da er neben seinen Ausschweifungen auch noch sehr leise redet, reagiert der Rest der Lerngruppe häufig mit Genervtheit und Unruhe während seinen Äußerungen. Seit ich N. in einem persönlichen Gespräch darum bat, sich nach hinten zu setzen, damit er lauter redet und sich in seinen Beiträgen etwas kürzer fasst, hat sich die eben beschriebene Situation erheblich verbessert.

Die Bearbeitung von Aufgaben und Problemstellungen in Kleingruppen verläuft größtenteils erfolgreich. Als Lehrperson ermöglicht mir die Gruppenarbeit eine Beobachtung des Arbeits- und Lernprozesses und ich kann auf individuelle Probleme der SuS eingehen. Während den Gruppenarbeitsphasen zeigen sich die Lernenden größtenteils kooperativ und motiviert. Auch im Bezug auf das Präsentieren von Gruppenergebnissen weisen die SuS mittlerweile methodische Kompetenzen auf.

Ein zentrales Anliegen meines Biologieunterrichts ist es, die Fähigkeit der SuS in Bezug auf naturwissenschaftliches Denken und Arbeiten zu fördern (vgl. HKM 2002, 3). Hierbei ist v.a. die Planung, Durchführung, Beobachtung, Ergebnissicherung und Auswertung von Experimenten gemeint, die dem Großteil der Klasse zunehmend besser und routinierter gelingt, doch bedarf die genaue Unterscheidung zwischen Beobachtung, Ergebnis und Auswertung noch gezielter Übung.

Die „Auflockerung" des Oberthemas „Ökosystem Wald" durch die detaillierte Behandlung des Regenwurms nehmen die SuS dankbar und motiviert an (mehr dazu in Kap. 2). Die zunächst von mir befürchteten Vorbehalte gegenüber den Tieren, bedingt durch Scheu oder Angst, sind geringer als erwartet. Die Gruppe hat einen positiven Bezug zu den Tieren aufgebaut und auch die SuS, die den Regenwurm noch nicht berühren oder in die Hand nehmen wollen, werden durch ihre Gruppenmitglieder souverän unterstützt.

Abschließend lässt sich sagen, dass ich in dieser sympathischen und lebendigen Klasse ausgesprochen gerne unterrichte und vor allem auch das offene, vertrauensvolle Verhältnis der SuS zu mir, das sich u.a. in Fragen und Vorschlägen äußert, zu schätzen weiß.

---

[4] Beispielsweise brachten die SuS unaufgefordert Materialien, wie z.B. Bücher; Internetausschnitte; Fotos von Kaulquappen, Molchen, Eidechsen; Vogelnester, Vogeleier, Zunderschwämme, Blätter etc. mit.

2.   Didaktisch-methodische Überlegungen zur Unterrichtsreihe

Im Rahmen der Unterrichtsreihe "Ökosystem Wald" haben sich die SuS der 7c bisher mit der Stockwerkbildung, dem Bau und der Bestimmung von Bäumen und Blättern, mit der jahreszeitlich bedingten Laubfärbung und dem Laubfall beschäftigt. Innerhalb der Wechselbeziehungen im Ökosystem Wald ging es u.a. um die Nahrungsbeziehungen, bei denen der Regenwurm als Destruent[5], neben den Produzenten und Konsumenten, eine wichtige Rolle spielt. Fragen wie „Was geschieht mit den Laubblättern, die auf dem Waldboden liegen?" und „Welche Bedeutung haben die Lebewesen, die im Boden leben?" wurden behandelt, und in diesem Zusammenhang insbesondere die Lebensweise des Regenwurms genauer betrachtet.

Im Lehrplan ist das Ökosystem Wald[6] mit einem Umfang von 24 Stunden angegeben (HKM 2002, 20), d.h. die Behandlung dieses Themas soll sehr ausführlich geschehen. Ich habe bemerkt, dass das Interesse der SuS für humanbiologische Themen und Wirbeltiere in ihren Lebensräumen wesentlich höher war, als das bei den derzeitigen botanischen und ökologischen Sachverhalten der Fall ist[7]. Daher versuche ich, das Ökosystem Wald möglichst schüler- und handlungsorientiert aufzuarbeiten, was sich nicht immer als sehr einfach herausstellt. Gerade die Ökologie ist für die SuS teilweise schwierig nachzuvollziehen und, wie sie mir anvertrauten, auch nicht besonders interessant. Aus diesem Grund habe ich mich entschieden, den Regenwurm als Beispiel für einen wirbellosen bodenbewohnenden Destrunten im Unterricht genauer zu behandeln, um durch das handlungs- und problemorientierte Vorgehen bei der Arbeit mit einem lebenden Objekt, die Motivation der SuS wieder etwas zu erhöhen.

Im Lehrplan Biologie für die Sek. I steht geschrieben: „[...] durch direkte Begegnung mit Lebewesen [...] sollen Schülerinnen und Schüler ein Ökosystem und die Beziehungen zwischen den einzelnen Lebewesen" und „typische Pflanzen und Tiere in den [...] einzelnen Stockwerken des Waldes" kennen lernen (HKM 2002, 20). Der Regenwurm bietet sich als leicht und billig zu beschaffendes und in der Schule einfach zu haltendes Beobachtungsobjekt an (vgl. KILLERMANN 1991, 175). Im Gegensatz zu Wirbeltieren kann man Wirbellose aus der Natur entnehmen (und wieder zurückführen). Der artgerechte Umgang mit Tieren (Haltung und Pflege), dessen Behandlung der Lehrplan vorschreibt (vgl. HKM 2002, 17), lässt sich beispielhaft am Regenwurm üben. Durch die Begegnung mit dem lebenden Objekt können die SuS Phänomene selbst beobachten und aus direkter Erfahrung lernen.

Schon Charles Darwin beschrieb in seiner letzten (1881 veröffentlichten) Arbeit „Die Bildung der Ackererde durch die Tätigkeit der Würmer", dass die Regenwürmer für den Menschen

---

[5] Zersetzer
[6] Es kann auch das Thema Gewässer ausgewählt werden.
[7] Der Verlauf des pflanzenkundlichen Interesses nimmt ab Klasse 7 deutlich ab. Auch das tierkundliche Interesse fällt zwischen der 5. und 10. Klasse immer weiter ab, jedoch nicht so stark wie das Interesse an der Botanik. (vgl. BERCK 1999, 73ff.).

eine immense Bedeutung besitzen[8]. Ihre Leistungen sind gewaltig: Bis zu 300 Tonnen Erde werden jedes Jahr in einem Hektar Ackerland durch Fraß und Ausscheidung der Regenwürmer umgepflügt. Ihre Grabtätigkeit fördert die Durchmischung und Durchlüftung des Bodens, was den Wurzeln der z.B. in der Landwirtschaft angebauten Pflanzen den Zugang zu tieferen Bodenschichten erleichtert. Der Kot der Würmer ist zu Ton-Humus-Komplexen veredelte Erde, die dem Boden u.a. Wasserspeicherkapazität verleiht. Der Regenwurm macht durch seine Tätigkeit den Boden fruchtbar und hilft damit Erosionsschäden zu vermeiden. (SCHRADER / LARINK 1998, 10f). Auf Grund dieser Eigenschaften setzt der Mensch ihn auch ganz bewusst zur Kompostierung ein.

Unsere in Deutschland vorkommenden Regenwürmer gehören zur Familie der „Eigentlichen Regenwürmer". Dazu zählt auch die häufigste Art, der Tauwurm (Lumbricus terrestris), der auch den SuS zur Verfügung steht. Fast 99% aller Tierarten gehören zu den wirbellosen Tieren (Invertebraten), die eine ungemeine Artenvielfalt aufweisen. Typische Vertreter einzelner Stämme von wirbellosen Tieren sind Schnecken, Muscheln, Quallen, Asseln, Spinnen oder auch der Regenwurm[9]. (vgl. SEGER 1998, 27). Viele SuS kennen die typischen Vertreter der Invertebraten, wissen aber häufig kaum genaueres über ihr Leben, weshalb diese Tiere, auf Grund von Wissensdefiziten und Vorurteilen, häufig negativ besetzt sind. Man kennt sie und man hat eigentlich doch nur ein recht oberflächliches Wissen über sie oder aber eine Vielzahl unbeantworteter Fragen. In diesem Sinne ist es notwenig mit dieser Unterrichtssequenz ein scheinbar bekanntes Tier bewusst in den Mittelpunkt zu stellen, um über die gezielte Erschließung von Wissen Vorurteile abzubauen und das Besondere an den Regenwürmern zu entdecken. Dies soll durch dauerhafte Visualisierung, selbstbestimmte Annäherung, der Hinführung durch die Lehrkraft und handlungs- und problemorientierte Arbeitsweise möglich werden. Die SuS bekommen die Möglichkeit Fragen zu den Tieren zu stellen und Arbeitsmethoden zu entwickeln, um diese zu beantworten. Der Weg der Erkenntnisfindung wird von den SuS mitbestimmt. Als ein Ziel des Unterrichtes mit lebenden Objekten wird eine Verknüpfung von affektiv-emotionalen mit kognitiven Zielsetzungen durch fachgemäße Denk- und Arbeitsweisen angestrebt.[10] Darüber hinaus bietet der Regenwurm eine elementare Möglichkeit, sich mit dem schwachen, als primitiv geltenden Lebewesen emotional positiv auseinander zu setzen und auf diesem Weg zu einer verantwortungsbewussten Grundhaltung zur Natur zu gelangen (vgl. KAISER 1999, 144).

---

[8] „Man kann wohl bezweifeln, ob es noch viele andere Tiere gibt, welche eine so bedeutungsvolle Rolle in der Geschichte der Erde gespielt haben, wie diese niedrig organisierten Geschöpfe" (DARWIN 1983, 7).

[9] Systematische Einordnung des Regenwurms: Stammgruppe: Articulata (Gliedertiere), Stamm: Annelida (Gliederwürmer), Ordnung: Oligochaeta (Wenigborster).

[10] Untersuchungen zum kognitiven Lernerfolg (z.B. STAECK 1980 und ESCHENHAGEN et al. 1985, 346ff.) zeigen, dass der kognitive Lerneffekt bei Realobjekten nicht größer ist als bei medialer Vermittlung. Allerdings sind die emotionalen Erfolge deutlich besser. Auch die Untersuchungen von BAUHARDT 1990 ergaben, dass der kognitive Lernzuwachs bei der Schülergruppe, die mit lebenden Tieren unterrichtet wurden, zwar etwas aber nicht so bedeutend größer als bei der Vergleichsgruppe war. Allerdings war die Verbesserung der Einstellung der Gruppe, die mit den lebenden Tieren unterrichtet wurden, zu den Tieren signifikant höher, das signalisierte Interesse und der Abbau von Aversionen größer. Der Lernerfolg lag demnach besonders in der positiven Veränderung der Einstellung.

Im Verlauf der Reihe zur Morphologie, Verhalten und Bedeutung des Regenwurms für die Umwelt und den Menschen haben die SuS bereits seinen äußeren und z.T. inneren Aufbau kennen gelernt. Die Struktur und Funktion der Borsten wurden genauer untersucht. Wenn man den Regenwurm über Backpapier (oder Filterpapier) kriechen lässt, hört man ein leises Kratzen, das durch die Borsten[11] verursacht wird. Die Fortpflanzung[12] des Regenwurms wurde angesprochen sowie das Vorurteil man könnte Regenwürmer zerreißen aus dem Weg geräumt.

In der letzten Stunde stellte eine Schülerin während der Untersuchung des Regenwurms die Frage „Regenwürmer haben doch gar keine Augen, können die überhaut etwas sehen?". Diese Frage soll in der nächsten, d.h. in der Stunde vor der heutigen Lehrprobe, geklärt werden. Dazu werde ich den SuS verschiedene Materialien (Lupen; Lampen; Pappkartondeckel und andere verdunkelte Behältnisse, in und unter die sich die Regenwürmer zurückziehen können) mitbringen, mit denen sie das Problem, was Johanna letzte Stunde aufgeworfen hat, untersuchen und lösen sollen.

Für diese Stunde ist vorgesehen, dass die Regenwürmer mit der Lupe, auf das eventuelle Vorhandensein von Augen, überprüft werden. Da keine Augen zu finden sein werden, müssen die SuS sich Gedanken darüber machen, wie man feststellen kann, ob Regenwürmer überhaupt etwas sehen bzw. in der Lage sind zwischen hell und dunkel zu unterscheiden. Sie können die mitgebrachten Materialien nutzen, um herauszufinden, dass sich die Würmer bei Belichtung unter einen dunklen Pappkartondeckel zurückziehen. Auch, wenn man sie direkt mit einer Lampe anleuchtet, ihnen aber keine Rückzugsmöglichkeit bietet, werden sie versuchen außerhalb des Lichtkegels zu gelangen. Überdeckt man den Wurm mit einer Schachtel und hebt diese nach ein paar Minuten rasch hoch, so zuckt er unmittelbar nach dem plötzlichen Lichteinfall zusammen und krümmt sich. (vgl. SAPPER / WIDHALM 2000, 59). Es gibt also ganz unterschiedliche Möglichkeiten, um die negative Fototaxis zu beweisen.

3.   Didaktisch-methodische Überlegungen zur Unterrichtsstunde

In der heutigen Lehrprobenstunde soll die Frage beantwortet werden, in welchen Körperabschnitten sich die Lichtsinneszellen des Regenwurms befinden.

Die Lichtsinneszellen sind auf seiner gesamten Epidermis verteilt, kommen aber gehäuft am Vorder- und Hinterende vor; mit ihnen kann er hell und dunkel unterscheiden. Daneben gilt seine Lichtempfindlichkeit nicht für alle Teile des Spektrums gleich. Rot nimmt der Regenwurm nicht wahr, auf die Farbe blau reagiert er. Die einfachen Lichtsinneszellen des Regenwurms zeigen eine sehr sinnvolle Anpassung an seinen Lebensraum. Ihnen kommt

---

[11] Der Regenwurm besitzt vier Paar Chitinborsten in jedem Segment, die er ein- und ausfahren kann. Mit den Borsten wird die Fortbewegung des Wurmes unterstützt und er kann sich damit gut in der Erde festhalten. (vgl. www.kopfball-online.de/filme/010422_a.html).

[12] Sie sind proterandrische Zwitter, die sich gegenseitig befruchten. Die Regenwürmer paaren sich, indem sie sich aneinander legen, durch einen von einer auffälligen Verdickung, dem Clitellum (Gürtel), gebildeten Schleimmantel miteinander verkleben und schließlich Sperma austauschen. Der Gürtel, indem die Eier befruchtet werden, wird abgestreift und erhärtet an der Luft. Nach wenigen Wochen schlüpfen aus diesem Kokon die etwa einen Zentimeter langen Jungtiere. (vgl. CAMPBELL 1997, 666).

die lebenswichtige Aufgabe zu, die pigmentlose Haut vor schädlichem UV-Licht zu bewahren. Der UV-Anteil des Lichts würde in der pigmentlosen Haut des Wurms ein Gift erzeugen, das seine Atmung lähmt. Daher ist auch die Verteilung der Lichtsinneszellen auf der gesamten Oberfläche des Wurms sehr sinnvoll.[13]

Die Lichtempfindlichkeit ist am Vorderende am größten, nimmt in den folgenden Körperabschnitten allmählich ab, erreicht kurz hinter der Körpermitte ein Minimum und steigt dann wieder an. Dabei ist die Konzentration der über den Körper verteilten Lichtsinneszellen am Hinterende niedriger als am Vorderende.

Ein Ziel der heutigen Stunde ist es also, dass die SuS lernen, dass der Regenwurm vorne und hinten lichtempfindliche Stellen besitzt und (wenn die Ergebnisse es zulassen) auch der Mittelteil des Körpers etwas lichtempfindlich reagiert. Darauf aufbauend können die SuS in einem quantitativen[14] Experiment erfahren, dass die Konzentration der Sinneszellen im hinteren Bereich niedriger als im vorderen ist.

Die Literatur bietet einige Versuche zur Lichtempfindlichkeit des Regenwurms an: Es ist möglich, mittels einer in ihrem Lichtaustritt auf einen schmalen Steifen reduzierten Lampe den Regenwurm Stück für Stück abzutasten und über die beobachtete Reaktion zu den Ergebnissen zu gelangen. Der Regenwurm muss sich dabei in einem abgedunkelten Raum oder im Rotlicht, gegenüber dem er unempfindlich ist, befinden. Dieser Versuch ist sehr zeitaufwendig, da sich der Wurm auf Grund von Lichtgewöhnung zwischen zwei Reizen mindestens zwei Minuten erholen soll. (vgl. PETERS / WALLDORF 1986, 28).

Eine andere Möglichkeit besteht darin, dem Regenwurm eine Rückzugsmöglichkeit in eine abgedunkelte „Wohnröhre" anzubieten. Durch Verschieben einer schwarzen Papphülle kann man den Regenwurm am Vorder- und Hinterende einem Lichtstrahl aussetzen und seine Reaktion beobachten. Auch die Mitte ist durch das Auseinanderziehen zweier Papphüllen belichtbar. Diese Methode hat den Vorteil, dass nicht im Dunkeln oder bei Rotlicht gearbeitet werden muss. Sie ist von den SuS leichter durchzuführen und soll daher heute angewendet werden.

Alternativ zu dem Röhrchen hätte man auch, wie in der Literatur häufig angegeben, einen gefalteten Pappkarton über den Regenwurm legen können. Durch diese Methode könnten folgende Nachteile auftreten: Ein zu großer Pappkarton ermöglicht es dem Wurm sich doppelt zu legen und außerdem bleibt er beim Kriechen an der Pappe kleben, sodass er den gefalteten Pappstreifen mit sich zieht und dadurch zusätzlich gestresst wird.

Als Einstieg in die Stunde dient eine von mir angefertigte Zeichnung eines Regenwurms, der an seinem Vorderende Augen besitzt und darüber eine Sonnenbrille trägt. Durch diese vermenschlichte Darstellung entsteht bei den SuS Verwirrung und Unklarheit, denn die Zeichnung ist nicht mit ihrem bereits erworbenen Wissen vereinbar. Dieser „Kognitive Konflikt" hat die Aufgabe, die Lernbereitschaft der SuS zu aktivieren, das Interesse auf den

---

[13] vgl. http://www.vs-unteressfeld.de/Regenwurm/Informationen.htm
[14] Bei „quantitativen Experimenten" werden die genauen Bedingungen untersucht, bei denen etwas Bestimmtes geschieht. Dem stehen „qualitative Experimente" gegenüber, d.h. solche, die eine Frage nur bestätigen, bejahen oder verneinen. (BERCK 1999, 119).

Regenwurm und seinen Lichtsinn zu lenken und das Vorwissen aus der vorangegangenen Stunde (siehe Kap. 2) ins Gedächtnis zu rufen (vgl. BERCK 1999, 152ff.). Aus dem, je nach Unterrichtssituation, mehr oder weniger gelenkten Gespräch ergibt sich die Frage, wo die lichtwahrnehmenden Sinneszellen überhaupt sitzen.

Das Sammeln der Vermutungen findet an der Tafel statt und kann durch folgende Überlegungen begleitet werden: Da die SuS bereits gelernt haben, dass ein Regenwurm aus vielen einzelnen gleichartig aufgebauten und mit gleichen Funktionen ausgestatteten Segmenten besteht, liegt die Annahme nahe, dass alle Segmente Lichtsinneszellen besitzen. Des Weiteren könnten die SuS die Vermutung äußern, dass die Würmer nur an bestimmten Stellen (z.B. im vorderen Bereich, auf der Oberseite etc.) Lichtsinneszellen besitzen.

Die daran anschließende Versuchsplanung kann im Lehrer-Schüler-Gespräch, aber auch in Partner- oder Gruppenarbeit stattfinden. Ich habe mich aus zwei Gründen gegen die Planung innerhalb der Gruppe entschieden: Erstens wäre dieses Verfahren im Rahmen der heutigen Lehrprobenstunde zu zeitaufwendig. Zweitens habe ich die Klasse in Bezug auf Versuchsplanungen als sehr phantasievoll und kreativ kennen gelernt, was ich auch positiv begrüße und zulasse, wenn ich (wie in Kap. 1 beschrieben) die Möglichkeit habe ihre Ideen am nächsten Tag aufzugreifen, indem ich die passenden Materialien besorgt habe. Für die heutige Stunde sehe ich allerdings die Gefahr, dass die Lernenden sich tolle und aufwendige Versuchsaufbauten ausdenken, diese aber, wegen des fehlenden Materials, nicht durchführbar sind. Damit müsste ich die Gruppe enttäuschen und ihnen anschließend die Methode aufdrängen, die ich für sie vorbereitet habe. Deshalb wähle ich an dieser Stelle ein Unterrichtsgespräch, weil ich somit die Ideen der SuS mit den von mir besorgten Materialien in Einklang bringen kann. Sollten die SuS keine Vorschläge machen, wie man überprüfen kann, in welchem Körperabschnitt des Wurms sich die Lichtsinneszellen befinden, können die mitgebrachten Materialien als Assoziationshilfe dienen.

Bei der Planung der Versuche ist außerdem darauf zu achten, dass eine Taxis auf Grund von Wärme sowie die Möglichkeit des positiven Geotropismus ausgeschlossen werden (Lampen dürfen den Regenwurm nicht allzu sehr erwärmen, Versuchsröhrchen müssen in der Waagrechten gehalten bzw. auf den Tisch gelegt werden).

Ich habe mich gegen die Durchführung eines Lehrerexperimentes und für ein Schülerexperiment entschieden, weil hier selbstständiges Probieren, Suchen und Entdecken ermöglicht und gefordert wird. Das Wissen wird durch eine enge Verbindung von geistiger und manueller Tätigkeit und durch das emotionale Interesse, das die SuS dem Experiment entgegenbringen, intensiver erworben und bleibt länger im Gedächtnis[15]. Durch die Anschaulichkeit und Selbstständigkeit werden erfahrungsgemäß auch die biologische Fragehaltung und das Interesse für biologische Themen gefördert. (vgl. KILLERMANN 1991, 211). Aus diesem Grund sollte, wenn es das Experiment ermöglicht, das Schülerexperiment Vorrang haben.

---

[15] Vgl. Fußnote 9

Der heutige Versuch wird in Partnerarbeit durchgeführt, damit alle SuS integriert und aktiv werden und sich nicht nur die vorlauten und dominanten in den Vordergrund drängen. Es arbeiten jeweils die Tischnachbarn miteinander. Sollte dies nicht aufgehen, können auch Dreiergruppen gebildet werden. Das Experiment ist vom Ablauf her recht einfach und die Erfolgsquote ist sehr hoch, was auch den weniger geschickten SuS ein Erfolgserlebnis bringt. Da das Experiment in Partnerarbeit durchgeführt wird, kann gemeinsames Planen und Handeln eingeübt werden. Die Röhrchen mit den Regenwürmern müssen mit Vorsicht zum Tisch getragen werden, die Taschenlampe muss bedient werden, die schwarze Papierhülle muss verschoben werden, das Protokoll (siehe Anhang) muss ausgefüllt werden etc..

Ich habe beschlossen, die Regenwürmer bereits vor der Stunde in die Röhrchen zu bringen, denn es ist zeitaufwendig, benötigt Ruhe und etwas Übung, den Wurm dazu zu bewegen, in das Röhrchen zu kriechen. Durch Druck auf den Wurm könnte es dabei auch zu Verletzungen kommen. Die Bewältigung solcher Situationen lenkt die SuS von der heute eigentlich zu leistenden Arbeit ab. Außerdem bedeutet das Anfassen und Befördern in die Röhre für den Regenwurm Stress, von dem er sich, bis zu Beginn des Versuchs, etwas erholen kann.

Sollten Gruppen sehr zügig arbeiten oder ihr Versuchstier schnelle und eindeutige Ergebnisse liefern, so halte ich für diese Gruppen einen „Erweiterungsversuch" bereit, bei dem sich, an den bereits durchgeführten qualitativen, ein interessanter quantitativer Versuch anschließt. Dabei wird die Zeit des Zurückziehens der Mund- und Afterregion über eine festgelegte belichtete Strecke gestoppt[16] und verglichen (siehe Arbeitsblatt im Anhang). Dadurch lässt sich ermitteln, dass das Vorderende wesentlich lichtempfindlicher ist als das Hinterende, der Mittelteil dagegen am langsamsten auf Lichtreize reagiert. Häufig spricht der Mittelteil gar nicht auf Lichteinstrahlung an.

Da mit Lebewesen experimentiert wird, kann es passieren, dass der Regenwurm, durch Trägheit oder auf Grund ungünstiger Bedingungen verschiedenster Art[17], kein erwartungsgemäßes und arttypisches Verhalten zeigt. Möglich ist auch, dass der Regenwurm in der Röhre schon maximal verkürzt ist, sodass er sich kaum noch zurückziehen kann (dies kann durch zu häufiges Belichten an den beiden Enden passieren). All das kann die Ergebnisfindung herauszögern oder sogar verhindern. Deswegen werden auch Regenwürmer in Röhren als Reserve vorbereitet. Aber da das Experiment erfahrungsgemäß gut funktioniert, erwarte ich keine größeren Probleme beim Experimentieren an sich. Es könnte sein, dass bestimmte Schüler[18] den Versuch nicht ganz ernst nehmen und sich „einen Spaß" mit dem Wurm erlauben. Dem werde ich durch

---

[16] Stoppuhren stehen für die Messung zur Verfügung.

[17] Z.B. Unruhe; Röhrendurchmesser zu groß, sodass sich der Wurm in ihr doppelt legt; zu hohe Lichtgewöhnung des Wurms etc..

[18] Martin und Tjard sind bei dem Pergamentpapier-Versuch (Entdeckung der Chitinborsten, vgl. Kap. 2) nicht sehr verantwortungs- und respektvoll mit den Regenwürmern umgegangen, sodass ich sie mehrmals ermahnen musste.

besondere Aufmerksamkeit und eventuell nötiges ermahnendes Erinnern an vereinbarte Regeln entgegenwirken.

Im letzten Teil der Stunde werden die Beobachtungen und Ergebnisse vorgestellt und ausgewertet. Dies wird, je nachdem wie viel Zeit noch zur Verfügung steht, von den SuS (auf bereits vorher von mir ausgegebenen Folienstreifen oder direkt vorne am OHP) oder von mir auf einer Folie festgehalten. Die Auswertung des quantitativen „Erweiterungsversuches" kann, je nach Verlauf der Stunde, situativ in Verknüpfung mit dem qualitativen Versuch geschehen, aber auch im Anschluss daran stattfinden.

Sollte noch Zeit bleiben, wird auf weitere von den SuS aufgeworfenen Fragen und Probleme eingegangen oder die SuS werden von mir angeregt, sich Gedanken darüber zu machen, wie man den Regenwurm am Ende der Versuche wieder aus der Röhre heraus bekommt. Dabei könnten die SuS ihr bereits erworbenes Wissen anwenden (die Würmer so belichten, dass sie aus der Röhre kriechen) oder es könnte an dieser Stelle das von den SuS eventuell nicht beachtete Phänomen der Geotaxis angesprochen werden (falls es nicht schon im Verlauf der Versuchsplanung und -durchführung als zu isolierendes Problem auftauchte und gelöst wurde).

4.   Ausblick

Sollte das Messen der Reaktionszeit des Regenwurms bei Belichtung noch nicht ausreichend thematisiert worden sein, so wird es in der nächsten Stunde noch einmal aufgegriffen.

Anschließend werden die restlichen Sinne (Tast-/Berührungssinn, Geruchs- und Geschmackssinn, Gehörsinn) des Regenwurms arbeitsteilig untersucht. Um die Chemoperzeption (Geruchs- und Geschmackssinn) zu testen, hält man vor den Regenwurm beispielsweise ein Wattestäbchen, dass mit Essig (oder Honigwasser, Salzwasser) getränkt ist. Der Regenwurm wird bei dem Essig und Salzwasser zurückzucken und ausweichen (vgl. SAPPER / WIDHALM 2000, 59f.). Scharfen Gerüchen und Flüssigkeiten weicht er aus, weil sie seiner Haut schaden können. Er kann nicht hören, denn dieser Sinn ist für ihn unwichtig. Dafür ist sein Tast- und Berührungssinn sehr gut ausgebildet, damit er sich u.a. unter der Erde zurechtfindet.

Die Bearbeitung der Sinneswahrnehmungen des Regenwurms bereiten die SuS auch auf das in den Lehrplänen der Klasse 9 vorgesehene Thema „Aufnahme und Verarbeitung von Informationen" vor. In der Oberstufe setzt sich mit der Behandlung neurobiologischer Inhalte diese Thematik fort, sodass man von einem Spiralcurriculum sprechen kann (vgl. KILLERMANN 1991, 35f. und BERCK 1999, 48).

Im Anschluss an die Sinneswahrnehmungen werden noch die Fortbewegung des Regenwurmes und seine Bedeutung für den Menschen thematisiert.

## 5.	Literatur

Bauhardt, V.M.: *Veränderung der Einstellung gegenüber Gliedertieren durch Interaktion mit lebenden Tieren im Biologieunterricht. Eine empirische Untersuchung in 6. Jahrgangsstufen [...]*. München1990, 5

Campbell, N.A.: *Biologie*. Spektrum Verlag; Heidelberg, Berlin, Oxford 1997

Berck, K.-H.: *Biologiedidaktik. Grundlagen und Methoden*. Quelle und Meyer Verlag, Wiebelsheim 1999

Darwin, C.: *Die Bildung der Ackererde durch die Tätigkeit der Würmer. Mit Beobachtung über deren Lebensweise*. Aus dem Englischen v. J.V. Carus. März Verlag, Berlin 1983 (Darwin, C.: The formation of vegetable mould through the action of worms with some observation on their habits. London 1881)

Eschenhagen, D./Kattmann U./Rodi D.: *Fachdidaktik Biologie*. Aulis Verlag Deubner, Köln 1985

Hessisches Kultusministerium (Hg.): Lehrplan Biologie. Gymnasialer Bildungsgang. Jahrgangsstufen 5 bis 9. 2002

Kaiser, A.: *Regenwürmer*. In: Praxisbuch handelnder Sachunterricht. Bd. 1., Baltmannsweiler 1999

Killermann, W.: *Biologieunterricht heute. Eine moderne Fachdidaktik*. Verlag Ludwig Auer, Donauwörth 1991

Peters, W./Walldorf V.: *Der Regenwurm Lumbricus terrestris. Eine Praktikumsanleitung*. Quelle und Meyer Verlag, Heidelberg und Wiesbaden 1986

Sapper, N./Widhalm, H.: *Einfache biologische Experimente*. Klett Verlag, Wien 2000

Schrader, S./Larink, O.: *Einblicke in die Ökologie der Regenwürmer*. In: Praxis der Naturwissenschaften 4/47. Aulis Verlag Deubner, Köln 1998

Seger, J.: *Tiere entdecken*. In: Grundschulunterricht 7-8. Pädagogischer Zeitschriftenverlag, Berlin 1998

Staeck, L.: *Medien im Biologieunterricht. Angebote, Praxis, Wirksamkeit*. Cornelsen, Königstein 1980

http://www.kopfball-online.de/filme/010422_a.html (Stand 29.12.03)

http://www.vs-unteressfeld.de/Regenwurm/Informationen.htm (Stand 29.12.03)

6. Anhang

→ **siehe Anhang**

WO NIMMT DER REGENWURM LICHT WAHR?

Protokoll

Achtung

Lebewesen

- Ihr benötigt eine **Taschenlampe** und ein **Röhrchen mit schwarzer Papierhülle**, in dem sich ein Wurm befindet.
- Tragt es **vorsichtig** und **waagrecht** zu eurem Tisch. Die Röhrchen dürfen nicht zu viel bewegt werden.
- Bei den Experimenten ist äußerste **Ruhe** wichtig!

① DURCHFÜHRUNG

a.   Verschiebt die Pappröhre, sodass das Vorderende um **2 cm** (Lineal) freigelegt wird. Belichtet dann das **Vorderende** mit einer Taschenlampe.

b.   Verschiebt die Pappröhre, sodass das Vorderende um **2 cm** (Lineal) freigelegt wird. Belichtet dann das **Hinterende** mit einer Taschenlampe.

c.   Um den **Mittelbereich** zu belichten, zieht ihr die Papphülle um **2 cm** auseinander (Tesastreifen abziehen).

Protokolliert eure Beobachtungen jeweils unter ② BEOBACHTUNGEN !

② BEOBACHTUNGEN

a. ____

____

b. ____

____

c. ____

____

③ ERGEBNIS

____

____

____

____

④ DEUTUNG / AUSWERTUNG

____

____

____

____

____

REAKTIONSZEITEN DES REGENWURMS BEI BELICHTUNG

Protokoll

① VERSUCHSANORDNUNG

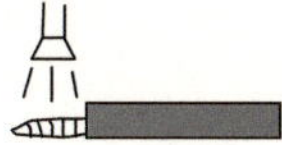
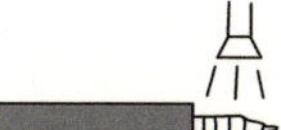

② DURCHFÜHRUNG

- Der Regenwurm wird jeweils am Vorder- und Hinterteil um 2 cm freigelegt und belichtet.
- Die Zeit bis zur Reaktion des Regenwurms wird gestoppt!
- Damit vergleichbare Ergebnisse erzielt werden können, müsst ihr darauf achten, dass die Länge des belichteten Regenwurmabschnittes immer gleich groß ist.

③ BEOBACHTUNGEN

Reaktionszeit der Kopfregion (sec.)	Reaktionszeit der Afterregion (sec.)

④ ERGEBNIS

____

____

⑤ DEUTUNG / AUSWERTUNG

____

____

____

____